Hannah

Leserabe

2. Lesestufe

Bettina Lawrenz

Die Tulullis

Mit Bildern der Autorin

Ravensburger Buchverlag

Bibliografische Information Der Deutschen Bibliothek:

Die Deutsche Bibliothek verzeichnet diese Publikation
in der Deutschen Nationalbibliografie.
Detaillierte bibliografische Daten sind im Internet
über **http://dnb.ddb.de** abrufbar.

1 2 3 09 08 07

Ravensburger Leserabe

Umschlagbild: Bettina Lawrenz
Umschlagkonzeption: Sabine Reddig
Redaktion: Marion Diwyak
Printed in Germany
ISBN 978-3-473-36221-9

www.ravensburger.de
www.leserabe.de

Inhalt

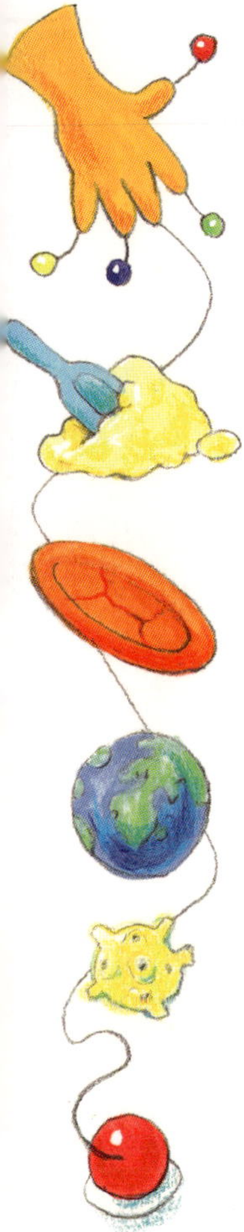

Die Tulullis

Das hier ist Lutz.
Er ist ein Tululli.
Ein blauer Außerirdischer
vom Planeten Tulu.
Auf Tulu sind alle blau, klein
und wahnsinnig schnell.
Tulu ist gelb.

Es gibt dort 18 Krater.
Und deshalb 18 Kraterfamilien.
Denn jeder Krater
spuckt einmal im Jahr
einen Tululli aus.
Es gab mal viel mehr Krater.
Aber die sind kaputt, eingefallen.
Lutz ist total aufgeregt.
Heute ist sein großer Tag.
Er darf das erste Mal mit ins All.

Die Tulullis fliegen viel herum.
Sie reisen durch Wurmlöcher.
Was ein Wurmloch ist?
Ein Tunnel im Weltall.
Mit Anti-Schwerkraft innen.
Na ja, oder so ähnlich.
Jedenfalls ist man in kurzer Zeit
bei anderen Planeten.
Tulu liegt links hinter dem Mars
auf dem Asteroidengürtel.

Zurück zu Lutz.
Er darf mit zum Blauen Planeten.
Mit dabei sind Lola, Lothar und Luna.
Die drei sind Allwissende.

Keiner kennt sich im All besser aus.
Auch sie sind klein, blau und schnell.
Auf Tulu sind eben fast alle
klein, blau und schnell.
Bis auf Laller, Lull und Lall.
Aber davon später.

Jeder hat ein Teleskop-Auge.
Ein Fernglas-Auge.
Damit kann man sehr weit sehen.
Genauer gesagt, haben sie
ein Periskop-Teleskop-Auge.
Sie können nicht nur in die Ferne,
sondern auch um die Ecke gucken.

Durchs All

„Na, Lutz, startklar?“, fragt Luna.
Sie ist die Chefin der Truppe.
Lutz bringt nur ein Glucksen hervor,
was ein „Ja“ sein soll.
„Lothar, alle Geräte gecheckt?“
„Gecheckt, poliert und
einsatzbereit.“
Lothar ist ein ganz Genauer.
Er hat auch zwei Periskop-
Teleskop-Augen.

Er ist für die Geräte zuständig.
Und er bekommt sie
wirklich alle wieder hin.
Da kommt auch schon Lola.
Sie fliegt die Untertasse.
Sie kann auch Tasse fliegen.
Aber auch Tasche und Handtasche.
Handtasche fliegen ist überhaupt
das Schwerste.

„Alle einsteigen!“, ruft Lola.
Lutz hat ganz weiche Knie.
Aber irgendwie schafft er es doch
in die Untertasse.
Kaum hat er sich angesaugt,
geht es auch schon los.
Er ist als Sammler dabei.
Jetzt hat er nichts zu tun.
Die drei anderen desto mehr.
Ständig leuchten irgendwelche
Kontrolllämpchen auf.
Lutz übt zwar fleißig fliegen,
aber bisher kommt er nur von
einem Krater zum anderen.

Und das auf einem Löffel.
Von Planet zu Planet ist
etwas ganz anderes.

Gerade brausen sie am Mars vorbei.
Alles ist in rotes Licht getaucht.
Schwups, es gibt einen Ruck.
Sie schweben im Wurmloch.
Nur schwarze Suppe rundherum.
Flutsch, schießen sie heraus
und es ist wieder hell.
Sie rasen auf eine blaue Kugel zu,
gleich sind sie da.
Lutz hat ein Kribbeln im Bauch,

als Lola abbremst und sie
sanft herabsinken.
Es wird wieder ganz dunkel.
„Noch ein Wurmloch?“,
wundert sich Lutz.
„Nein, das ist ein Schornstein“,
erklärt Luna.
Es geht um ein paar Ecken.
Dann landet die Untertasse.
Hier ist es nicht ganz so finster.

Die Mission

Sie klettern durch ein lauwarmes
weiches Gebirge bis zu einer Höhle.
In der Höhle dürfen sie ihre
Lampen anmachen.
Sie ziehen kleine Schaufeln
aus den Rucksäcken.
Ruckzuck haben sie große Mengen
einer gelben Masse zusammen.
Die kommt auf Tulu in die Krater.
Seit die Tulullis das machen,
ist keiner mehr kaputt gegangen.
Das ist eine Entdeckung
der drei Allwissenden.
Lutz ist ganz stolz, dass sie
aus seiner Kraterfamilie sind.

Alles wird eingeladen
und sie fliegen zurück
nach Tulu.
So geht das
die nächsten Monate.
Mit der Zeit ist Lutz
überhaupt nicht mehr aufgeregt.

Bald regt es ihn nur noch auf.
„Mir ist langweilig.
Schrecklich, stinklangweilig!
Ich will etwas erleben.
Ich muss etwas erleben!“
Luna kommt vorbei.
„Krater 7 blubbert kräftig.
Bald wird ein Tululli ausgespuckt.
Deshalb fliegen wir heute nicht.
Du kannst Löffelfliegen üben.“

„Na toll!“, brummelt Lutz.
Löffelfliegen langweilt ihn
auch total.
Am Flugplatz üben Laller, Lull
und Lall gerade Untertasse.
„Hey, Lutz Löffelquäler!
Willste der vierte Mann sein?“

Laller bremst kurz vor Lutz ab.
„Wie groß bist du?“,
fragt Lull gedehnt.
„Fünf Kraterpickel“, flüstert Lutz.
„Optimal!“, schreit Lall.
Lall ist immer ziemlich laut.
„Hopp, rein mit dir“, brüllt sie.
„Eigentlich ist es
ohne Flugschein
verboten“,
meint Lutz.

„Nur ’ne kleine Spritztour“,
beruhigt ihn der große Laller.
„Na, wenn das so ist ...“,
Lutz klettert in die Untertasse.
Die ist uralt und hat einen Sprung.
„Kleine was?“, fragt Lull.
Er ist kein Schnelldenker.
„Lull!“, donnert Lall und guckt
ihn sehr, sehr böse an.

Eine kleine Spritztour

„Alle angesaugt?“
„Ja, Chef!“, meldet Lall Laller.
Krater 7 spuckt gerade
den neuen Tulullli aus.
Sie können unbemerkt abheben.

Laller kurvt wild umher.
Lutz wird es mulmig.
Um sie herum wird es hellgelb.
„Falscher Weg“, poltert Lall.
„Warum falscher Weg?“, meint Lull.
„Gelb ist Saturn, Mars ist rot!“
„Wo wollt ihr überhaupt hin?“
Lutz ist ganz verwirrt.
„Lass dich überraschen!“
Laller fliegt einen Looping
und dreht seitlich ab.
Lutz dreht sich der Magen um.
Sie torkeln am Mars vorbei.

Da kommt das Wurmloch, rums.
Die Untertasse schlingert.
„Falscher Winkel, lass mich mal“,
dröhnt Lall.
Nach fünf Versuchen gibt sie ab.
Laller schafft es neunmal nicht.
„Der Sprung wird größer“,
meldet sich Lutz.
Jetzt ist Lull an der Reihe.

Er steuert in Zeitlupe
und kommt durch.
„Super!“, jubeln Laller und Lall.
Lutz würde trotzdem lieber
mit Lola fliegen.
Wenn jetzt Blau kommt,
weiß er wo es hingeht.
Die blaue Kugel ist zu sehen.
„Halt! Das dürfen wir nicht!“
„Lutz, jetzt ist es zu spät.
Gleich sind wir da.“
Die drei johlen und schalten
auf Höchstgeschwindigkeit.
„Bremsen. Nun brems doch!“,
schreit Lall kurz darauf.
„Das Ding reagiert nicht!“
Jetzt wird Laller panisch.

Wie verrückt treten sie
auf die Bremse ein.
Endlich werden sie langsamer.
„Noch mal gut gegangen“,
schnauft Lull
und auch Lutz atmet auf.
Sie eiern durch
einen Schornstein
und schaffen es
zu den Hügeln.

Alle vier wandern zur Höhle.
Innen ist es zu eng für alle.
Sie schubsen und stoßen herum.

Mensch!

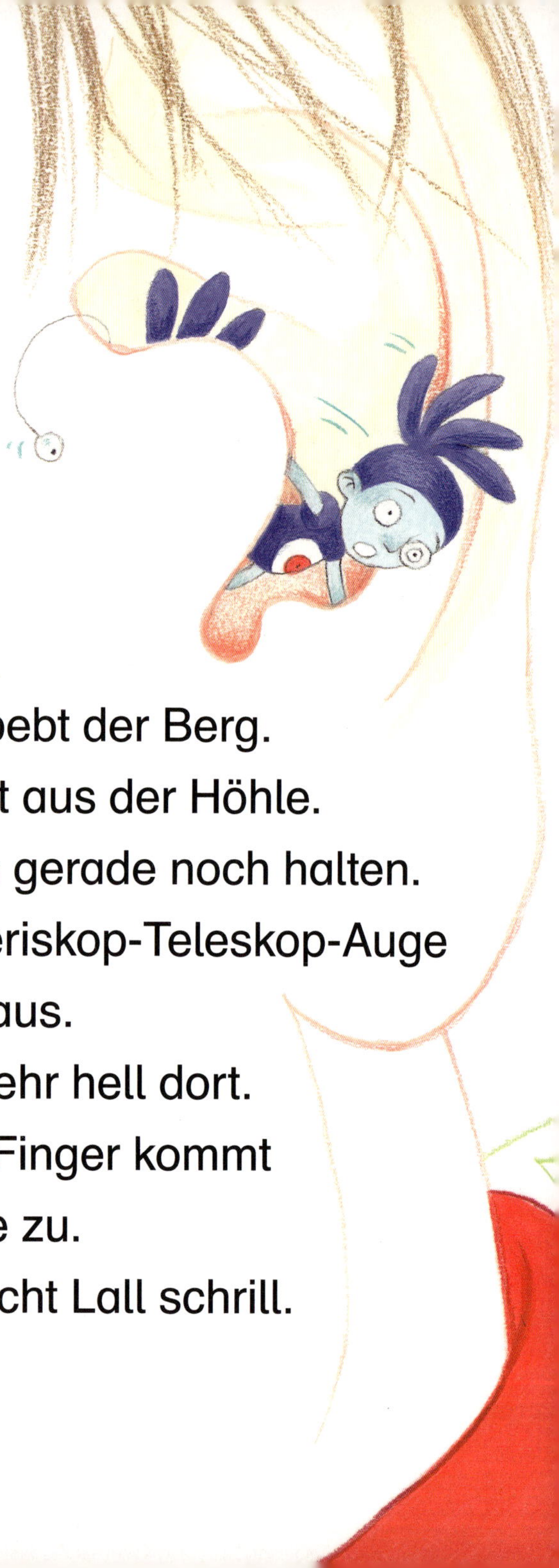

Auf einmal bebt der Berg.
Lutz fällt fast aus der Höhle.
Er kann sich gerade noch halten.
Mit ihrem Periskop-Teleskop-Auge
lugt Lall hinaus.
Es ist jetzt sehr hell dort.
Ein riesiger Finger kommt
direkt auf sie zu.
„Hilfe“, kreischt Lall schrill.

Der Berg zuckt zusammen.
„Pst. Nichts wie weg hier.
Außen hängen Seile, seht doch!“
Alle flitzen Laller nach.
Kaum sind sie entkommen,
bohrt sich der Finger in die Höhle.
„Da ist ein Riese“, flüstert Lutz
und zeigt nach unten.
„Wir sind auch auf einem“,
stellt Laller fest.
„Luna nennt sie Menschen.“

„Wir müssen zur Untertasse,
bevor die Menschen uns bemerken.
Los, springt!“
Sie purzeln eilig hinunter.
„Wo ist eigentlich Lull?“, flüstert Lall.
Sie kann auch leise sprechen,
wenn sie will.
Lull hängt beim Riesen fest.
„Lutz befreit Lull
und wir holen die Untertasse.“
Schon sind die beiden weg.
Also klettert Lutz zu Lull.
Vorsichtig von Knopf zu Knopf.
Der Mensch blättert in einem Heft
mit vielen tollen Bildern.
Lutz ist begeistert und staunt.
Was ist das für ein super Flitzer?

Halt, nicht umblättern!

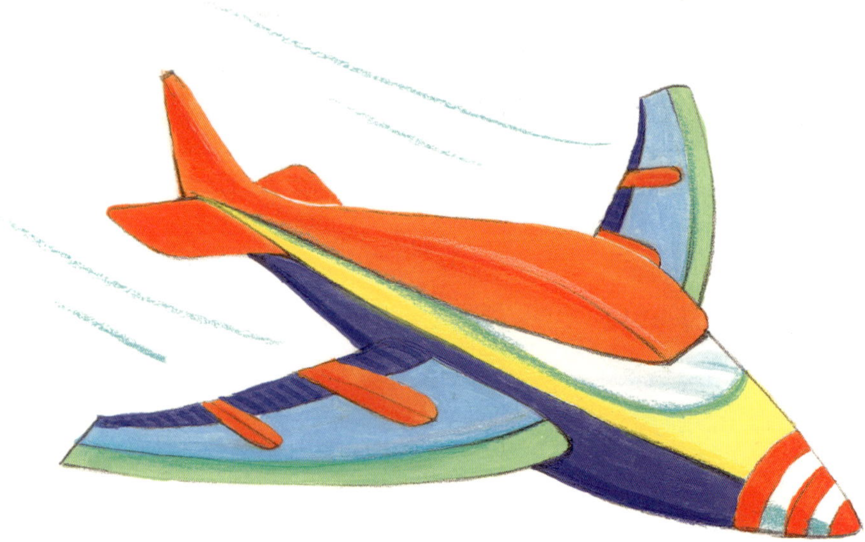

„Was ist denn das?
Lull, guck dir die Flieger an ... oh!“
Fast hätte er vergessen,
Lull zu retten.
Mühsam hangelt Lutz sich weiter.
Immer wieder rutscht er ab.
Das kitzelt den Mensch,
er zuckt mit der Schulter,
dann kratzt er sich.
Beinahe hätte er Lull erwischt.

Endlich hat Lutz ihn erreicht.
„Zieh dich nach oben,
damit ich deinen Fuß befreien kann."
Doch Lull ist starr vor Angst.
Lutz zerrt an ihm herum.
Es hilft alles nichts.
Im Heft ist gerade
eine knallgelbe Tasche zu sehen.
„Lull, sieh nur die Handtasche!"
Das wirkt, der Tululli zieht sich
hoch, um besser zu sehen.
Lutz gelingt die Rettung doch noch.

Der Riese gähnt,
legt das Heft weg
und macht die Lampe aus.
Lutz ist ganz enttäuscht.
Da kommt die Untertasse.
Laller winkt hektisch.
„Aufspringen. Ansaugen. Los!“
Gerade noch rechtzeitig.
Der Mensch legt sich hin
und hätte sie plattgemacht.
Wie der Blitz düsen sie davon.
Auf Anhieb finden sie
den Schornstein.
Sie rasen auf das Wurmloch zu.
Der Winkel stimmt nicht.
Es kracht, es knirscht.
Der Sprung wird noch größer.

„Lull, steuer du!“, ruft Lall.
Lull schafft es ins Wurmloch.

Dort zerbricht die Untertasse.
Vier Teile treiben im Dunkeln.
Aus dem Wurmloch
schweben sie noch heraus.
Aber dann fehlt der Antrieb.
„Ich will nach Tulu“, heult Lutz.
Die anderen hocken stumm herum.
Auf einmal kommt etwas auf sie zu.
Schnell das Auge ausgefahren.
„Eine Handtasche!“, jubelt Lutz.
Es sind die Allwissenden.
Die vier Ausreißer
werden eingesammelt.
Trotz allem ist Lutz total
begeistert vom Blauen Planeten.
Da muss er unbedingt wieder hin.
Sobald wie möglich.

Das sind die Tulullis

Die Allwissenden

Luna

Lola

Lothar

Die drei Chaoten

Lull

Lall

Laller

Die Tululli-Grund-Ausstattung:

Tulullis leben auf Tulu
und reisen gerne durchs All.

Bettina Lawrenz ist mit vielen Geschwistern, Geschichten und Büchern aufgewachsen. Da sie schon immer gern gemalt und gezeichnet hat, studierte sie zunächst Kommunikationsdesign, um sich dann als Illustratorin selbstständig zu machen. Für den Leseraben hat Bettina Lawrenz bereits die beiden Bände „Karamellas Geheimnis" und „Der Wunsch-Bruder" geschrieben und illustriert.

Wie man hier sehen kann, ist das Buch über die Tulullis mit fachkundiger Unterstützung entstanden …

Leserätsel
mit dem Leseraben

Super, du hast das ganze Buch geschafft! Hast du die Geschichte ganz genau gelesen? Der Leserabe hat sich ein paar spannende Rätsel für echte Lese-Detektive ausgedacht. Mal sehen, ob du die Fragen beantworten kannst. Wenn nicht, lies einfach noch mal auf den Seiten nach. Wenn du die richtigen Antwortbuchstaben in die Kästchen auf Seite 42 eingesetzt hast, bekommst du das Lösungswort.

Fragen zur Geschichte 

1. Wie viele neue Tulullis gibt es pro Jahr? (Seite 6)
W: 18, jeder Krater spuckt einen aus.
L: 12, jeden Monat einen.

2. Was kann man mit einem Periskop-Teleskop-Auge machen? (Seite 9)
T: Im Dunkeln sehen und Fotos knipsen.
E: In die Ferne und um die Ecke gucken.

3. Was machen die Tulullis mit der gelben Masse? (Seite 16)
   L: Die kommt auf Tulu in die Krater.
   F: Die Tulullis essen sie.

4. Wie kommt Lull durch das Wurmloch? (Seite 25)
   F: Er schaltet auf Höchstgeschwindigkeit.
   T: Er steuert in Zeitlupe.

5. Wer befreit Lull? (Seite 30)
   E: Die Allwissenden.
   L: Lutz.

6. Was hält Lutz vom Blauen Planeten? (Seite 36)
   L: Er ist total begeistert und will unbedingt wieder hin.
   B: Er hat davon erst mal die Nase voll.

Lösungswort:

1 W	2 E	3 L	4 T	A	5 L	6 L

Rabenpost

Super, alles richtig gemacht! Jetzt wird es Zeit für die RABENPOST.
Schicke dem LESERABEN einfach eine Karte mit dem richtigen Lösungswort. Oder schreib eine E-Mail.
Wir verlosen jeden Monat 10 Buchpakete unter den Einsendern!

An den LESERABEN
RABENPOST
Postfach 20 07
88190 Ravensburg
Deutschland

leserabe@ravensburger.de
Besuche mich doch mal auf meiner Webseite:
www.leserabe.de

Ravensburger Bücher vom Leseraben

Leserabe

1. Lesestufe für Leseanfänger ab der 1. Klasse

ISBN 978-3-473-**36178**-6

ISBN 978-3-473-**36179**-3

ISBN 978-3-473-**36164**-9

2. Lesestufe für Erstleser ab der 2. Klasse

ISBN 978-3-473-**36169**-4

ISBN 978-3-473-**36067**-3

ISBN 978-3-473-**36184**-7

3. Lesestufe für Leseprofis ab der 3. Klasse

ISBN 978-3-473-**36177**-9

ISBN 978-3-473-**36186**-1

ISBN 978-3-473-**36188**-5

www.ravensburger.de/www.leserabe.de

Ravensburger

ERZ_06_009